RECHERCHES

THÉORIQUES ET PRATIQUES

SUR LES

PURGATIFS.

RECHERCHES

THÉORIQUES ET PRATIQUES

SUR LES

PURGATIFS.

Mémoire lu à l'Académie de médecine, dans la séance du 11 Avril 1848.

PAR M. MIALHE.

***

PARIS.

CHEZ VICTOR MASSON,

LIBRAIRE

Des Sociétés savantes près le Ministère de l'Instruction publique,
1, place de l'École-de-Médecine.

MÊME MAISON, CHEZ MICHELSEN, A LEIPZIG.

1848

PUBLIÉ PAR L'UNION MÉDICALE,

Journal des intérêts scientifiques et pratiques, moraux et professionnels
du corps médical.

RECHERCHES

THÉORIQUES ET PRATIQUES

SUR LES PURGATIFS.

Les recherches que j'ai l'honneur de soumettre à l'Académie ont pour but d'éclairer une des questions les plus intéressantes de la thérapeutique, celle des purgatifs, et de résoudre une partie des difficultés qui naissent de leur emploi, de leur opportunité dans certains cas, de leur mode d'action, tant physiologique que chimique, des phénomènes consécutifs de leur absorption, enfin de leur action générale ou dynamique.

GÉNÉRALITÉS.

§ I.

On désigne sous le nom de purgatifs tous les agens de la matière médicale qui ont pour effet de donner lieu à la diarrhée. Or, d'après cette définition, comme le dit Schwielgué, tous les corps administrés à dose suffisante pourraient entrer dans la classe des purgatifs; mais en examinant le mode d'action des substances introduites dans le tube digestif, on est promptement convaincu que le nom de purgatif doit être réservé à celles seules qui, par leurs effets chimiques ou physiques, déterminent nécessairement une supersécrétion de la surface des muqueuses intestinales.

§ II.

En effet, les matières, introduites pour une cause quelconque dans la cavité stomacale, sont solubles ou insolubles : insolubles, elles se partagent en deux groupes. Le premier *comprend les corps insolubles et incapables d'être réactionnés par les liquides animaux.* Ces corps n'agissent sur les voies digestives que par une action irritante toute de contact.

C'est ainsi qu'on doit expliquer l'effet purgatif du charbon lorsqu'il est administré à dose suffisamment élevée; car le charbon étant tout à fait insoluble, ne peut, en aucune façon, être absorbé et réagir physiologiquement sur l'économie. Les autres composés insolubles, tels que le verre pilé, la silice, n'ont qu'une faible action, ou n'en ont même aucune. On pourrait donner à ces corps le nom de : *purgatifs par irritation mécanique ou simple contact.*

Dans le deuxième groupe se rangent les corps qui, *naturellement insolubles, sont susceptibles de se dissoudre dans l'économie par suite de réactions opérées en présence des principes contenus dans les humeurs vitales.* Ces principes contenus dans les humeurs vitales sont des acides, des alcalis ou des sels. Ils agissent chacun pour leur compte, et non indifféremment l'un pour l'autre, ni tous à la fois pour un même purgatif. Par exemple, les acides dissoudront la magnésie ; les alcalis saponifieront les résines ; les sels chlorurés transformeront le calomel insoluble en bichlorure de mercure. Et comme quelques-uns de ces réactifs sont localisés dans certaines parties du tube digestif, il s'ensuit que les purgatifs qui nécessitent leur intervention pour se dissoudre agiront également d'une manière locale.

§ III.

Les matières solubles doivent aussi être partagées en deux groupes, suivant qu'elles possèdent ou ne possèdent pas des propriétés coagulantes.

1º *Matières solubles non coagulantes : matières salines.* Les matières salines, sulfates de soude, de potasse, de magnésie, sel de seignette, présentent un double effet suivant leur mode d'administration : si le sel est administré très étendu d'eau et à intervalles éloignés, il est totalement absorbé; si, au contraire, il est administré à haute dose en disolution assez concentrée, et en une seule fois, il agit comme purgatif. Dans ce cas, la purgation doit être rapportée à deux effets : à l'absorption par endosmose, comme nous le démontreront plus tard, et à la forte sapidité du composé.

Car l'excessive sapidité des médicamens, en stimulant vivement les membranes muqueuses, détermine une sécrétion abondante, aussi bien dans la cavité buccale que dans toute l'étendue du tube digestif : c'est ce qui fait comprendre l'effet purgatif de l'aloès, du sulfate de quinine à haute dose, etc.

Matières alimentaires. Les matières alimentaires ne sont qu'accidentellement cause d'évacuations. En effet, après leur introduction dans les voies digestives, elles ne tardent pas à se dissoudre à l'aide des fermens spéciaux et des boissons ingérées pour former un liquide propre à l'absorption, lequel étant moins dense que le sérum du sang, passe à travers les parois membraneuses comme à travers un filtre, et est aussitôt entraîné par les vaisseaux absorbans dans le torrent circulatoire. Là donc il y a simple absorption sans phénomène endosmotique, sans appel d'aucune sécrétion extérieure, et par conséquent point de purgation : s'il y a quelquefois expulsion, soit par le haut, soit par le bas, c'est en raison de la trop grande quantité ou de la non digestion des matières, qui agissent alors par irritation mécanique ou simple contact.

2o *Matières solubles coagulantes* : Les matières solubles coagulantes ont toujours un effet local, une action topique qui résulte de leur absorption immédiate et de la combinaison qu'elles peuvent contracter avec les tissus des membranes. Par suite de la coagulation et de l'irritation déterminée, il se fait de dehors en dedans un afflux de liquide vers la partie lésée : de là un suintement, une sécrétion plus ou moins abondante. Tel est le mode de purgation que produisent le sublimé corrosif, les drastiques de la famille des euphorbiacées, etc.

§ IV.

Nous voyons, par l'examen de ces quatre groupes, que la purgation n'est pas toujours due à la même cause, et qu'elle peut être produite par :

1o Les corps solubles et coagulans, qui se combinent direc-

tement aux tissus et les irritent fortement, comme le sublimé
corrosif, l'huile de croton tiglium ;

2º Les corps solubles et non coagulans qui agissent autant
par endosmose que par sapidité, comme les citrate et sulfate
de magnésie, les sulfate et phosphate de soude, le sel de seignette, la manne ;

3º Les corps solubles et non coagulans, qui n'agissent que
par sapidité seule en stimulant fortement la membrane muqueuse et la faisant sécréter sympathiquement, comme le colchique, la coloquinte ;

4º Les corps naturellement insolubles, mais susceptibles de
devenir solubles dans le sein de l'économie par une réaction
chimique quelconque ; lesquels sont alors absorbés et se com-
portent comme les classes précédentes, exemple le calomel, les
résines ;

5º Enfin les corps insolubles, qui ne pouvant être modifiés
ni absorbés par les humeurs vitales, n'agissent sur la muqueuse
intestinale que par irritation mécanique.

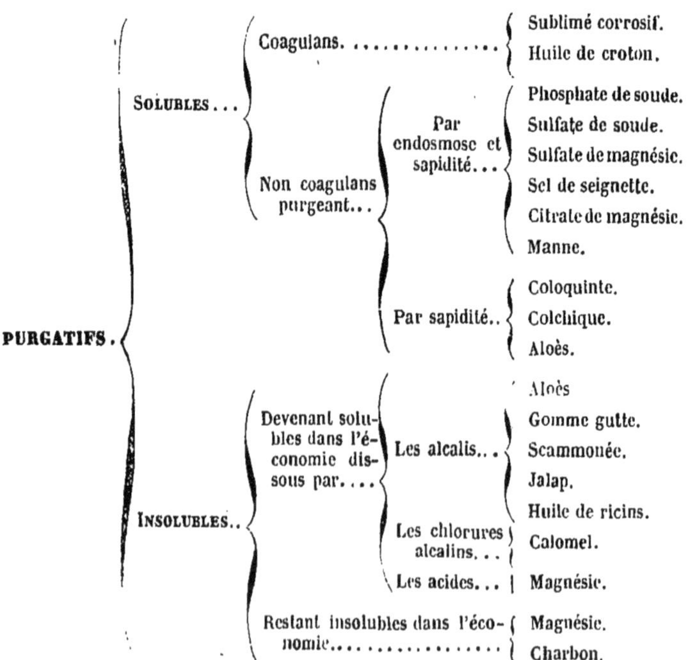

Nous allons maintenant étudier le mode d'action des principaux purgatifs inscrits dans le précédent tableau :

PURGATIFS SOLUBLES COAGULANS.

Sublimé corrosif (bichlorure de mercure).

L'action purgative du sublimé étant tout à fait analogue à celle du calomel, sera étudiée dans le chapitre spécial à ce dernier.

Huile de croton tiglium.

Cette huile qu'on retire du croton tiglium constitue un drastique très énergique. C'est le purgatif par excellence, car, agissant par lui-même et portant son action sur toutes les parties du tube intestinal, il est d'un effet presque certain. Par la coagulation qu'il produit avec les tissus vivans il irrite fortement les intestins, et même jusqu'au point d'y faire naître des pustules ; aussi son emploi détermine quelquefois une inflammation intense qu'il faut avoir soin d'éviter. Ce purgatif, par son action générale, agit d'abord sur l'estomac et provoque souvent des nausées suivies de vomissemens. Il faut donc l'administrer en pilules ou en potions qui, au moyen d'une certaine quantité de liquide, puissent franchir rapidement le pylore et exercer son action seulement sur la muqueuse intestinale.

PURGATIFS SOLUBLES NON COAGULANS,

AGISSANT PAR ENDOSMOSE ET SAPIDITÉ.

Depuis longtemps on connaît la vertu purgative d'un grand nombre de matières salines telles que sulfates de soude, de magnésie, de potasse, phosphate de soude, sel de seignette, etc. Comme toutes ces matières, par leur nature chimique, peuvent être suivies dans leur passage à travers les tissus et retrouvées en tout ou en partie à leur sortie de l'économie, on a fait un grand nombre d'expériences pour découvrir leur mode d'action. Malgré la facilité de l'expérimentation, il en est résulté des opinions tout à fait opposées dont nous allons examiner la valeur.

Lorsque l'on ingère une petite quantité d'un sel purgatif en dissolution très étendue, l'absorption de la dissolution saline se fait complètement, elle passe dans les urines dans lesquelles on peut retrouver tout le composé salin ; elle agit alors comme diurétique sans déterminer d'effet purgatif.

Mais quand on introduit dans le canal alimentaire une dissolution saline concentrée, il en résulte sur le champ un double phénomène d'endosmose et d'exosmose ; car, ici tout concourt à réaliser cette action physico-vitale : en effet, les deux liquides que sépare la membrane animale sont de densité différente, l'un plus dense, qui est la dissolution saline, et l'autre moins dense, qui est la partie liquide et non organisée du sang. Il se produit donc deux courants de liquide en sens inverse à travers cette membrane, et d'après les faits découverts par Dutrochet, le liquide le moins dense se porte vers le plus dense en plus ou moins grande quantité, c'est-à-dire, que la membrane muqueuse laisse passer une plus grande quantité de liquide du sang que de dissolution saline. Par conséquent, il y a un afflux de liquide dans le canal digestif, et, par suite purgation. Mais en même temps une certaine quantité de dissolution saline passe de l'autre côté de la membrane, et emportée par les vaisseaux absorbans, elle se mêle au torrent de la circulation.

Toutefois, là ne réside pas toute la vertu purgative des sels minéraux non coagulans : ils doivent, ainsi que nous l'avons déjà mentionné, agir aussi à la manière des corps fortement sapides, en stimulant activement la membrane muqueuse, pour en solliciter les sécrétions. Cette action sympathique doit même être très énergique et se prolonger bien après l'effet endosmotique. La réunion de ces deux effets produit dans les intestins un appel de sécrétions qui, par leur abondance, déterminent des mouvemens péristaltiques et nécessitent l'expulsion.

Nous soutenons qu'il y a absorption du composé salin malgré les dénégations de MM. Millon et Laveran : cette absorption ne peut facilement se prouver pour les sels qui existent normalement dans l'économie, mais elle devient très évidente pour le sel de seignette et pour la manne.

Sel de seignette (tartrate double de potasse et de soude).

Le sel de seignette donne la preuve la plus incontestable de l'action purgative par double voie d'endosmose et d'absorption. On sait, depuis les belles recherches de Voehler, que les composés alcalins à acides organiques éprouvent après leur absorption une combustion interstitielle qui brûle l'acide et change le sel en carbonate. MM. Millon et Laveran, en étudiant l'action du sel de seignette, ont cru pouvoir affirmer que : « 1º le sel de seignette administré d'un seul coup, à une dose élevée, et en dissolution peu étendue, agit comme purgatif, et n'est nullement absorbé, puisque les urines formées pendant la purgation n'ont jamais été trouvées par eux alcalines ; 2º au contraire, administré à petites doses souvent répétées, et dans des liqueurs étendues, le même sel n'avait aucun effet purgatif et était entièrement absorbé, ce qui était prouvé par l'alcalinité constante des urines. » Ainsi, d'après ces expérimentateurs, il y a deux modes d'action bien tranchés du sel de seignette, selon qu'il est pris à haute dose et d'une seule fois, ou à petite dose et en plusieurs fois. Dans le premier cas, effet purgatif sans alcalinité des urines ; dans le second cas, purgation nulle, mais passage de tout le sel dans les urines à l'état de carbonate : résultats qui semblaient appuyer l'opinion des anciens, pensant que les purgatifs agissaient seulement lorsqu'ils n'étaient pas absorbés, et que ces médicamens, étant absorbés, n'avaient plus d'effet purgatif.

Or, nous attaquons comme inexacts ces résultats de MM. Millon et Laveran. Un examen attentif des phénomènes qui ont lieu pendant l'administration du sel de seignette prouve que, dans tous les cas, il y a absorption du sel et alcalinisation de l'urine.

Nous avons administré du sel de seignette à haute dose, de manière à amener la purgation, puis aussitôt nous avons eu la précaution de faire uriner le sujet, afin de débarrasser la vessie du liquide normal qu'elle pouvait contenir, et qui aurait pu, par son acidité, masquer le carbonate alcalin nouvellement formé : cette saturation par l'acide normal a été la cause de l'erreur dans laquelle sont tombés MM. Millon et Laveran. Après l'effet purgatif, nous avons toujours constaté l'alcalinité marquée de l'urine, alcalinité due à l'absorption du sel alcalin à acide organique et à sa réduction en carbonate alcalin. Cette expérience, qui ne nous a jamais fait défaut, prouve évidemment que le sel de seignette est absorbé dans un cas comme dans l'autre.

Cependant nous devons mentionner que certaines conditions de l'organisme ne permettent pas toujours de découvrir le carbonate alcalin formé après l'absorption du sel de seignette; ainsi, par exemple, l'état pathologique déterminé par le développement outré de matières acides, la dyspepsie acide, la goutte, le diabète, etc. Mais ces cas particuliers ne peuvent échapper aux expérimentateurs.

Citrate de magnésie.

La limonade magnésienne, dont le citrate de magnésie forme la base, est un purgatif agréable, et par cela même très employé maintenant.

Ce médicament purge par sapidité et par absorption endosmotique, comme les matières salines qui précèdent; en outre, une notable partie de citrate acide soluble arrive en nature jusque dans les intestins, y rencontre des alcalis qui s'emparent de son excès d'acide, précipitent la magnésie à l'état de citrate neutre insoluble, et déterminent un second effet purgatif par irritation locale.

Cette explication n'est pas purement théorique; nous avons pu nous assurer que les évacuations déterminées par la limonade magnésieune, d'abord séreuses, ensuite blanchâtres et féculentes, ne prenaient cette dernière teinte que par la présence du citrate neutre de magnésie insoluble.

Manne.

La manne, purgatif très doux, n'agit que par sa mannite,

comme M. Magendie l'a démontré, contrairement à l'avis des thérapeutistes, qui attribuaient cette action à la matière mucoso-sucrée qui fait partie intégrale de ce médicament. Aussi, la manne grasse passait-elle pour plus purgative que la manne en sorte, et surtout que la manne en larmes, ce qui n'est pas exact; car la manne et la mannite, essayées comparativement comme purgatif, donnent les mêmes résultats lorsqu'elles sont prises à doses proportionnellement égales.

La manne purge par sapidité et par endosmose, et ce dernier phénomène est très marqué. L'absorption qui suit l'endosmose accumule une grande partie de la mannite dans l'urine, où il est facile de la retrouver après chaque administration de cette substance.

On voit donc, par la similitude de leur action, que la manne et les purgatifs salins doivent être placés sur le même rang, ce que la pratique médicale avait indiqué depuis longtemps.

PURGATIFS SOLUBLES NON COAGULANS,

AGISSANT PAR SAPIDITÉ SEULE.

Colchique.

Le colchique d'automne, ainsi que certaines autres plantes de la même famille, renferme la *vératrine*, principe semblable aux alcaloïdes organiques et doué d'une saveur excessive; c'est par cette saveur qu'il peut produire la purgation. Mais on doit faire de ces purgatifs un usage très modéré, parce qu'à dose un peu plus élevée ils deviennent aussitôt toxiques. Ils établissent le passage entre les purgatifs par sapidité et les poisons végétaux énergiques.

Les résultats curatifs obtenus par ce médicament dans quelques maladies, comme la goutte, le rhumatisme, etc., ne peuvent être attribués à sa vertu purgative. Il possède, en outre, une action topique, et il est surtout suivi d'effets dynamiques qui l'emportent de beaucoup sur l'effet purgatif. On doit donc toujours tenir compte de cette action consécutive éloignée, et de même que le sulfate de quinine qui, purgeant à haute dose, développe ensuite des phénomènes particuliers très prononcés bien plus importans ; de même le colchique jouit de propriétés énergiques qui se développent après son absorption et suivent la purgation. Ce que nous venons de dire du colchique s'applique en tout point aux préparations purgatives ayant la coloquinte et l'élatérium pour base : ce sont des purgatifs dangereux, dont l'action dynamique doit toujours être prise en considération sérieuse.

Aloès.

L'aloès est un suc végétal dont la nature chimique n'a pas encore été bien déterminée, mais dont les propriétés médicales ont été parfaitement constatées.

Doué d'une amertume insupportable, il purge d'abord par stimulation de la muqueuse sous l'influence d'une sapidité très prononcée, et ensuite par les alcalis du suc intestinal. Ce dernier effet, beaucoup plus prononcé que le premier, détermine, par cette action toute locale, les flux de sang qui suivent l'effet purgatif de l'aloès administré à une dose un peu forte et continue. Mais ce résultat ne lui est pas particulier, comme on le pense généralement, il lui est commun avec les résines, et même avec l'huile de ricins, toutefois avec moins d'intensité. Ceci prouve que les évacuations mêlées de sang ne sont pas dues à un purgatif spécial, mais à toutes les matières dont l'action se porte particulièrement sur le gros intestin.

Nous disons que l'aloès doit purger par absorption à l'aide de sa dissolution par les alcalis des intestins, à la manière des résines, que nous allons bientôt étudier ; en effet, l'aloès, en partie soluble dans l'eau, laisse un résidu nommé apothême qui ne possède plus de saveur, et n'est plus susceptible de se dissoudre dans ce liquide, nous avons constaté, par des expériences tentées à ce sujet, que ce résidu se dissout dans les alcalis et acquiert alors une saveur très prononcée.

Ce fait nous porte à conclure que l'aloès doit se dissoudre dans les intestins à la faveur des alcalis, en se comportant alors comme les matières résineuses. Aussi avait-on remarqué qu'il ne purgeait qu'au bout d'un certain temps ; tandis que tous les composés entièrement solubles sont toujours très prompts à amener la purgation. Cé qui vient encore à l'appui de notre opinion, c'est que l'aloès des barbades, contenant beaucoup plus d'apothème que les autres espèces, est aussi beaucoup plus purgatif.

PURGATIFS INSOLUBLES,

DEVENANT SOLUBLES PAR LES ALCALIS DE L'ÉCONOMIE.

Résines en général.

La plupart des résines purgatives sont employées en médecine depuis un temps presque immémorial, et cependant leur action physiologique est loin d'avoir été convenablement appréciée, ainsi que le témoigne l'incertitude des auteurs sur le rang qu'il convient de leur assigner dans la classe méthodique des purgatifs ; car on sait que si le plus grand nombre des thérapeutistes placent les évacuans résineux au nombre des drastiques les plus énergiques, quelques praticiens, au contraire, les considèrent comme des agens médicamenteux inoffensifs; la vérité est entre ces extrêmes, ainsi que nous allons le démontrer.

Ces médicamens cheminent dans toute la partie supérieure du tube digestif sans donner lieu à aucun résultat, et ne commençent à agir qu'à leur arrivée dans la partie inférieure du tube intestinal. Là ils trouvent des matières alcalines, élémens nécessaires à leur dissolution, qui développent leur action purgative en permettant leur absorption.

Une foule d'observations démontrent la vérité de ce que nous avançons ici : ainsi les résines les plus électro-négatives, celles qui jouent le rôle d'acides par rapport aux bases, comme celles de jalap, de gomme gutte, etc., sont celles qui ont le plus d'action. Les résines déterminent rarement des nausées et des vomissemens parce qu'elles ne trouvent pas de dissolvans dans la cavité stomacale ordinairement acide, tandis qu'en arrivant dans les intestins, elles se dissolvent en tout ou en partie, et produisent alors par leur absorption des coliques et des tranchées quelquefois très vives. Tant qu'elles ne rencontrent pas de sucs alcalins elles demeurent insolubles et non miscibles à l'eau.

Leur saveur âcre et mordicante a été niée, parce qu'elle ne peut devenir sensible que par un contact prolongé avec la salive qui leur fournit alors les alcalis nécesssaires à la dissolution ; mais si la dissolution est facilitée par un peu de matière alcaline, le contact avec la muqueuse buccale développe immédiatement une sensation d'acreté insupportable, tout à fait analogue à celle des euphorbiacées et prenant fortement à la gorge.

D'après cette théorie de l'action purgative des résines, il est indispensable, pour obtenir leur maximum d'effet thérapeutique, de suivre les préceptes que nous avons déjà indiqués ailleurs et que nous rappelons ici.

« 1º Il ne faut jamais associer les résines avec des acides, ni même avec des substances organiques très aisément acidifiables.

» 2º On doit tâcher de leur faire franchir le pylore le plus tôt possible, en ingérant immédiatement après leur administration deux ou trois verres d'eau, ou d'infusion théiforme non sucrée, ou de bouillon gras coupé.

» 3º On supprimera alors toute espèce de boisson pendant plusieurs heures. »

Dans un excellent mémoire publié par le docteur Willemin (1), sur les effets purgatifs de la scammonée et du jalap, quelques-unes des conclusions semblent en opposition avec notre manière de voir, mais il est facile de se convaincre qu'elles n'infirment nullement notre théorie, et qu'au contraire elles viennent la corroborer.

En effet, M. le docteur Willemin a remarqué (2º, 5º et 11º paragraphes) que la scammonée d'Alep, la résine de scammonée et celle de jalap, ne produisent pas d'effet plus marqué à une forte dose qu'à une dose moins élevée.

Cette remarque est juste et s'explique facilement : quelle que soit la dose du purgatif résineux, une certaine quantité sera

____

(1) *Archives générales de médecine,* tome xiv, août 1847.

seule dissoute par les sucs alcalins qui, dans le tube intestinal, ne se trouvent pas en quantité suffisante pour rendre absorbable la totalité du médicament ingéré; le résultat sera donc en rapport seulement avec la quantité dissoute et nullement avec la dose entière, dont l'excèdent sera en pure perte.

Si donc une dose déterminée de résine suffit à la saturation de toute la matière alcaline qu'elle rencontre dans les intestins, il est hors de doute qu'une dose plus élevée ne peut ajouter à l'action du médicament.

Dans le 3e paragraphe, M. Willemin dit que les boissons acides ne s'opposent point *sensiblement* à l'effet des purgatifs résineux. Cette observation, qui semble détruire notre théorie de l'action des humeurs alcalines sur les résines, est cependant celle qui a le moins de valeur. Les boissons acides dans l'économie ne parcourant pas, comme le purgatif résineux, tout le trajet du tube intestinal, sont absorbées bien avant l'effet du purgatif; et nous basons cette assertion sur des expériences : Chez plusieurs sujets, nous avons associé des quantités d'acide assez fortes à des résines purgatives, et nous avons recueilli les selles afin d'examiner l'action sur le papier bleu de tournesol: jamais ces selles ne se sont montrées acides, jamais elles n'ont rougi le papier de tournesol; tout au contraire, elles ont présenté une réaction alcaline des plus manifestes. Il est donc certain que les acides avaient été absorbés dans les premières parties des voies digestives, sans quoi leur présence eût été constatée dans le produit de l'évacuation. Nous ferons remarquer, en outre, que toutes les fois que M. Willemin a employé les boissons acides de concert avec ces purgatifs, il n'a point constaté de nausées, ce qui est encore en rapport avec notre théorie.

Comme confirmation de ce que M. Willemin lui-même dit dans le cours de son mémoire « *que la scammonée produit surtout des nausées lorsqu'elle est associée au savon sous forme pilulaire,* » nous ajoutons les expériences suivantes : l'administration de 50 centigrammes de résine de jalap, mêlée à 10 centigrammes de potasse caustique dans une potion émulsive, a déterminé des nausées épouvantables, suivies de vomissemens abondans et d'une superpurgation prolongée.

Ces phénomènes énergiques, tout à fait en dehors de l'effet ordinaire de ce purgatif lorsqu'il est employé seul, démontrent que, par cette association avec les alcalis, la résine a non seulement acquis son maximum d'intensité, mais encore qu'elle est devenue immédiatement absorbable dans les premières voies digestives.

Aussi il est certain pour nous que les purgatifs résineux administrés seuls ne déterminent de nausées qu'autant qu'ils rencontrent dans l'estomac des liquides alcalins, et qu'autrement ils ne développent leur action que dans la partie inférieure de l'intestin. De sorte qu'en l'absence ou la diminution des alcalins dans les humeurs animales, ainsi qu'il arrive dans la gravelle urique, la goutte, le diabète, ou même après une diète prolongée, l'action purgative est à peu près nulle. C'est ce que prouve l'observation clinique.

Les expériences relatives à l'application de divers purgatifs sur la peau dénudée ont entraîné M. Bretonneau à une explication erronée. En voyant les drastiques résineux ne déterminer aucune action irritante locale, cet éminent médecin fut porté à conclure que ces drastiques agissaient non comme les euphorbiacées, par inflammation locale directe, mais par sympathie sur le système nerveux et réaction sur la membrane muqueuse. Ces purgatifs jouissent comme les autres de propriétés irritantes topiques, mais qui ne se développent que dans la partie du tube intestinal renfermant des sucs alcalins propres à leur dissolution; et si M. Bretonneau, dans ses expériences, avait employé les résines mêlées aux alcalis, il aurait pu constater sur la peau dénudée une irritation des plus manifestes.

De cette discussion, il résulte 1o que les purgatifs résineux portent spécialement leur action sur le gros intestin, comme on l'a toujours remarqué; qu'ils se localisent ainsi en raison des sucs alcalins propres à leur dissolution et existant seulement à la partie inférieure du tube digestif; 2o que ces alcalis ne peuvent, par leur quantité bornée, saturer qu'une certaine masse de résine; qu'ils ont, par conséquent, une limite d'action, ce qui explique comment une dose plus élevée de médicament résineux n'ajoute pas à l'intensité de leur effet; 3º que l'association des acides aux corps résineux est, sinon nuisible, du moins inutile; 4º que l'addition d'une certaine quantité d'alcali rend, au contraire, leur action plus énergique et plus prompte en leur permettant d'être absorbés en plus grande quantité; 5º mais qu'il n'est pas toujours convenable de les alcaliniser, parce qu'on doit éviter les nausées et les vomissemens qui résultent alors de leur action, nausées qui ne se présentent généralement pas quand les résines sont administrées seules.

C'est ainsi que les résineux n'exercent pas, comme les autres drastiques, d'influence fâcheuse sur les fonctions digestives; ils traversent la plus grande partie du tube intestinal sans se dissoudre, et ne commencent leur action que dans la partie du canal digestif où l'absorption des matières alimentaires est à peu près nulle. Ils constituent donc un groupe tout à fait distinct, dont l'action est plus douce et surtout plus limitée que celle de l'huile de croton tiglium, par exemple, qui exerce son action topique évacuante sur toute la longueur du tube intestinal.

Huile de ricins.

La composition intime de l'huile de ricins n'est pas assez connue pour pouvoir déterminer son action sur l'économie. A cet égard, on est réduit à des conjectures basées sur telle ou telle analogie. En effet, on peut attribuer la vertu purgative de cette huile : 1º à un acide volatil analogue à l'acide crotonique de l'huile de croton tiglium; 2º à une matière résineuse d'une grande âcreté et caractéristique de toute la famille des euphorbiacées ; 3º à une propriété qui lui est propre.

Quant à l'acide analogue à l'acide crotonique, il est tellement volatil, que M. Guibourt a montré qu'il ne restait pas dans l'huile. Cependant un pareil principe viendrait confirmer l'analogie avec le croton tiglium, qui touche le ricin de si près dans la chaîne naturelle des végétaux.

C'est dans la matière résineuse que M. Soubeiran fait résider les vertus purgatives; il a retiré de l'huile de ricins une résine très âcre, en tout semblable au principe résineux commun à toutes les euphorbiacées.

L'huile purgerait-elle par une vertu propre? C'est l'avis du plus grand nombre des thérapeutistes, et quelques observations pourraient le faire croire.

De même que les résines, l'huile de ricins doit se combiner avec les alcalis pour être absorbée et agir comme purgatif ; et elle ne trouve ces alcalis que dans la portion inférieure du tube digestif. Elle agit aussi bien à petite qu'à grande dose, parce que la quantité saponifiée par les alcalis est la même et indépendante de la proportion d'huile ingérée. D'après ces motifs, j'avais depuis longtemps prescrit comme suffisante la dose de 15 à 20 grammes, sans savoir que MM. Chomel et Blache étaient arrivés par la pratique au même résultat.

Cependant M. Paul Dubois assure qu'à haute dose l'huile de ricins purge un peu plus qu'à petite proportion. Cette affirmation n'infirme nullement notre explication, on comprend facilement que la portion d'huile excédente, qui n'a pas été saponifiée, puisse agir d'une manière toute mécanique en permettant aux matières stercorales de glisser avec plus de facilité sur la muqueuse intestinale. Dans ce cas, une grande quantité de l'huile se trouve dans les selles. Il ne peut donc y avoir aucun inconvénient à donner de l'huile de ricins à dose élevée, il n'en résulte qu'un peu plus de dégoût pour le malade et plus de perte de substance non utilisée.

Nous recommandons le choix d'une huile récemment préparée : l'huile de ricins rancit très promptement au contact de l'air, et alors elle acquiert un goût insupportable qui excite des nausées. On peut dire, quant à la saveur, que l'huile de ricins fraîche est à celle qui a vieilli comme le beurre frais est au beurre rance.

Ce médicament est encore moins désagréable mêlé à un liquide chaud qui masque sa viscosité dégoûtante.

Il nous reste maintenant à parler de l'action thérapeutique des semences de ricins.

Il résulte pour nous d'un grand nombre d'expériences, que ces semences agissent avec beaucoup plus d'énergie que l'huile même : 10 grammes dans une potion émulsionnée ont déterminé un effet plus violent que le plus puissant éméto-cathartique; 5 grammes provoquèrent 28 vomissemens et 18 évacuations alvines; 1 gramme et même 20 centigrammes donnent ordinairement lieu à de nombreuses évacuations par haut et par bas. Une pareille action avec une si petite dose, est évidemment due à un principe tout à fait distinct : sans doute à cette résine âcre qui ne passe dans l'huile qu'en si minime quantité.

PURGATIFS INSOLUBLES,

DEVENANT ABSORBABLES PAR LEUR COMBINAISON AVEC LES CHLORURES ALCALINS DE L'ÉCONOMIE.

Calomel (protochlorure de mercure).

Outre les propriétés altérantes et spécifiques qui leur sont propres, les mercuriaux exercent sur l'économie animale une action purgative manifeste; de toutes les préparations mercurielles usitées en médecine, celle qui est le plus fréquemment employée à titre de purgatif, c'est le protochlorure ou calomel.

Or, le calomel est insoluble et comme tel incapable d'effectuer la moindre purgation par irritation locale ou de contact, à cause de la faible dose à laquelle on l'administre; à quels phénomènes spéciaux son action évacuante doit-elle donc être rapportée?

Déjà, en 1842, j'ai résolu cette question dans un travail spécial sur les mercuriaux, travail qui a obtenu l'approbation de M. Dumas et celle non moins précieuse de M. Berzélius (1), et dont voici les principaux résultats :

1° Toutes les préparations mercurielles employées en méde-

---

(1) « M. Mialhe a fait un beau travail sur les chlorures alcalins, qui prouve que non seulement le chlorure mercureux, mais aussi le métal lui-même et toutes ses combinaisons, possèdent une grande tendance à former avec les chlorures alcalins des sels doubles, composés de chlorure mercurique et d'un chlorure alcalin, dont les quantités varient selon les circonstances et selon la composition différente des combinaisons de mercure. Ce mémoire mérite toute l'attention des praticiens. » BERZÉLIUS. *Rapport annuel sur les progrès de la chimie*, 1843.

cine produisent, durant leur ingestion dans l'économie animale, une certaine quantité de sublimé corrosif en lequel résident leurs propriétés thérapeutiques et toxiques ;

2o Cette action chimique est due à la présence des chlorures alcalins que nos humeurs renferment.

3o La proportion de bichlorure de mercure formé est en rapport avec la quantité de chlorures alcalins existant dans nos organes, et plus en rapport encore avec la nature chimique du composé mercuriel ingéré : l'expérience démontrant que les deutosels sont transformés immédiatement en sublimé corrosif, tandis que les protosels commencent par passer à l'état de protochlorure, et que ce n'est que par une réaction secondaire qu'une certaine partie de bichlorure est produite.

§ I.

Appliquant au calomel les lois qui précèdent, je dis : *Le calomel n'a d'action sur l'économie que par sa transformation partielle en sublimé corrosif; c'est à cette transformation lente, opérée dans le sein de nos organes, que ce médicament doit toutes ses propriétés médicales.*

La transformatiou du calomel en sublimé est due à l'action des chlorures sodique et ammonique répandus dans toute l'économie animale. Mais comme ces chlorures ne sont pas concentrés en un seul point et n'affluent qu'en petite proportion dans chaque partie du tube digestif, le calomel ingéré ne peut être immédiatement et totalement transformé en sublimé corrosif : cette transformation est partielle et successive, et la quantité de bichlorure de mercure formé n'est pas en rapport avec celle du calomel ingéré, mais bien avec la quantité des chlorures alcalins réagissans. Plus il y aura de chlorure et plus il se formera de sublimé, et des expériences précises ont démontré que la proportion du chlorure mercurique produit est toujours en raison directe de la concentration de la liqueur chlorurée. Il découle nécessairement de ceci que l'administration du calomel ne doit pas être suivie de l'ingestion d'une grande quantité de boisson aqueuse, puisque l'abondance du liquide nuit à la transformation de ce corps, et par conséquent à l'intensité de son effet.

Les chlorures alcalins en présence du calomel et de l'air atmosphérique produisent trois fois plus de sublimé que lorsqu'ils agissent hors du contact de ce fluide élastique ; parce que pour chaque équivalent d'oxygène absorbé, un équivalent de chlorure mercurique prend naissance, et que chaque équivalent de chlorure mercurique formé donne par double de composition avec le chlorure alcalin, un équivalent de sublimé et un équivalent d'oxyde alcalin.

Comme dans l'économie, le calomel se trouve en présence d'air, de chlorures alcalins et même d'acides qui favorisent encore la réaction; tout concourt donc à l'accomplissement de la transformation en sublimé.

§ II.

L'action médicale du calomel est entièrement subordonnée à la plus ou moins grande proportion du sublimé auquel sa transformation donne naissance.

Ce fait une fois posé, il nous sera facile d'expliquer une foule d'anomalies qui se présentaient dans l'action de ce médicament. Et puisque l'intensité de son effet dépend de la quantité de chlorures alcalins existant dans l'économie, nous pouvons d'avance déterminer l'influence que doit apporter le régime des individus, la diète, l'emploi plus ou moins considérable de substances salées, etc. :

Ainsi les enfans en bas âge supportent très bien une forte dose de calomel sans éprouver une purgation plus marquée qu'avec une petite dose; parce que l'alimentation lactée ne fournit que peu de sel marin si nécessaire à la transformation mercurique.

Les malades depuis longemps à la diète et ayant leurs humeurs déchlorurées par la quantité de boissons aqueuses ingérées, supportent également une grande quantité de calomel.

Mais les grands mangeurs de sel, les habitans des côtes maritimes, les marins ne peuvent prendre de calomel, même en petite proportion, sans ressentir très promptement les accidens mercuriels les plus prononcés, parce que leur économie, sursaturée de chlorures, facilite la transformation du calomel en quantité considérable de sublimé.

Outre les expériences cliniques de M. Louis et autres qui confirment ces résultats, je mentionne celles de M. Godefroi (de Caen): cet habile praticien a remarqué (comme cela devait être) que les malades tenus à la diète et privés d'alimens salés pouvaient prendre sans inconvénient une dose de calomel portée jusqu'à 6 grammes, et qu'au contraire les malades soumis à une alimentation salée, avaient des garderobes fréquentes et douloureuses après l'ingestion de 40 centig. de calomel.

Comme contre-partie des observations dans lesquelles on voit une masse de calomel rester sans action toxique, nous dirons un mot de l'emploi du calomel à doses réfractées ou fractionnées, d'après la méthode du docteur Law, méthode expérimentée depuis par M. Trousseau, qui a pu en reconnaître toute l'efficacité et en constater le succès ; on administre d'heure en heure un douzième de grain de calomel, et après douze à vingt doses, on détermine presque infailliblement chez le malade un ptyalisme considérable et une superpurgation marquée. On comprend aisément comment ce mode d'administration du calomel doit singulièrement faciliter son passage à l'état de sublimé : il arrive en quantité minime en présence de l'air et des humeurs chlorurées de l'économie, qui se renouvellent constamment et sont assez abondantes pour transformer tout le médicament en bichlorure ; de là les phénomènes énergiques qui n'ont de limite que celle qu'on met à l'administration du calomel.

§ III.

D'après cette transformation constante de calomel en plus ou moins grande proportion de sublimé corrosif, qui seul agit sur l'économie, il paraîtrait logique de substituer au protochlorure de mercure une quantité équivalente de bichlorure ; cependant cette substitution n'est pas possible, 1º parce que le bichlorure pris à l'intérieur est un irritant des plus vifs ; aussi a-t-il été dénommé par les anciens médecins sublimé corrosif, tandis qu'ils réservaient au protochlorure la désignation de mercure doux;

2º Parce que, outre son effet irritant, le bichlorure administré à petites doses est immédiatement absorbé dans l'endroit même de contact avec la muqueuse, qu'il coagule et désorganise, et par conséquent ne peut arriver jusqu'aux intestins pour y déterminer une action purgative;

3º Parce que, administré à dose suffisante pour provoquer la purgation, il deviendrait mortellement vénéneux.

L'administration du calomel n'entraîne aucun des accidens du sublimé, et détermine sans danger le résultat qu'on se propose, la purgation. La transformation lente et successive qui s'opère dans le sein de nos organes ne possède aucune action locale désorganisatrice, car dès sa formation le sublimé s'unit aux chlorures alcalins et aux élémens albumineux du sang pour constituer un chlorure double bien différent par ses effets du sublimé libre de toute combinaison.

Bien qu'il ne puisse plus agir comme coagulant, il conserve cependant une faculté irritative assez marquée pour qu'on ait dû proscrire le calomel dans le traitement des phlegmasies intestinales.

<h2 style="text-align:center">§ IV.</h2>

Après avoir prouvé le mode d'action du calomel au sein de l'économie animale, nous devons constater l'effet qui suit son emploi, c'est-à-dire la coloration des selles. De tout temps on a remarqué qu'après l'ingestion du calomel les selles prenaient une couleur verte, caractéristique. Ce fait, signalé par tous, est ainsi indiqué par MM. Trousseau et Pidoux : « Les matières » fécales prennent, dit-on, une teinte verte analogue à celle » des herbes cuites. Cette teinte suit constamment l'ingestion » du calomel, et nous l'avons toujours observée.... » — Et plus loin : « La couleur des selles après l'emploi du calomel est fort » remarquable. Les premières évacuations sollicitées par le » médicament ne diffèrent en rien, quant à la couleur, des » selles que provoquent les autres agens purgatifs. Mais quand » le calomel a traversé tout le canal alimentaire, les fécès pren-

» nent une couleur verte analogue à celle des épinards. Cette
» couleur quelquefois ne s'observe pas le jour même de l'admi-
» nistration du calomel, et cela arrive quand l'effet du purgatif
» a été peu prononcé, et alors le lendemain et même le surlen-
» demain, on voit des évacuations vertes qui conservent ce
» caractère particulier pendant deux ou trois jours. »

Le fait de cette coloration n'est pas particulier au calomel, il
s'étend au sublimé, et sans aucun doute à tous les autres mercuriaux ; ainsi, dans tous les cas d'empoisonnement par le sublimé, cités par M. Orfila dans son *Traité de toxicologie*, il est
constamment question de déjections alvines d'une teinte verte
bien prononcée, et de vomissemens bilieux abondans. Cette
coloration des selles et des vomissemens est le résultat de l'action toute spéciale du calomel et des mercuriaux sur l'appareil
sécréteur de la bile, action tellement bien reconnue que
MM. Trousseau et Pidoux disent encore : « L'efficacité du mer-
» cure dans les maladies du foie est devenue en quelque sorte
» triviale. »

Ajoutons à l'autorité de tels juges l'opinion du docteur Hig-
gins, qui dit que « le calomel exerce sur la sécrétion biliaire
» une influence que nul autre médicament n'est en état de re-
» produire (1). »

Cette spécificité d'action doit s'expliquer ainsi : les mercuriaux
excitent non seulement les sécrétions des membranes muqueuses buccale et intestinale, mais encore les sécrétions des appa-
reils glanduleux. C'est pourquoi sous leur influence on voit se
produire la supersécrétion du foie, glande qui la première se
trouve soumise à leur action, et consécutivement à la saturation générale, la supersécrétion des glandes salivaires.

§ V.

Pour compléter l'histoire du calomel, il reste à fixer les doses
auxquelles il doit être administré.

Tout en rappelant les doses fractionnées de $1/12^e$ de grain
réservées pour des cas particuliers, et les doses énormes ingé-

---

(1) *Union Médicale*, tome Ier, page 638.

rées sans grand danger dans des circonstances spéciales, nous maintenons que le calomel doit être administré dans une quantité très limitée, parce que d'une part les petites proportions déterminent les mêmes résultats, et d'autre part une trop grande quantite de ce composé pourrait devenir nuisible dans le cas où il viendrait à être toléré dans le tube digestif; car sa conversion incessante en sublimé entraînerait de graves accidens. Une dose de 25 à 30 centigrammes est toujours suffisante, et il est convenable de l'associer à un purgatif résineux pour assurer la purgation et déterminer l'expulsion de l'excès de calomel non employé.

Nous insistons sur les associations du calomel avec les résineux tels que la scammonée, le jalap, l'aloès, parce que ces purgatifs ajoutent à l'effet du sel mercuriel, en agissant pour leur compte, et en entraînant avec eux le calomel qui pourrait rester dans l'économie comme un corps, d'abord inerte, ensuite dangereux.

PURGATIFS INSOLUBLES,

DEVENANT ABSORBABLES PAR LEUR COMBINAISON AVEC LES ACIDES DE L'ÉCONOMIE.

Magnésie calcinée.

La magnésie purge de deux manières : par absorption et par irritation locale. Son premier mode d'action est dû à la solubilité qu'elle acquiert par sa combinaison avec les acides du suc gastrique qu'elle rencontre dans l'estomac. Elle est absorbée, mais en raison de la quantité seule qui a été salifiée : on doit donc, lorsqu'on administre la magnésie comme purgatif, éloigner toutes les causes qui pourraient diminuer la quantité ou la faculté dissolvante des acides de l'estomac.

Le sucre facilite, augmente même l'action de ce purgatif, en donnant naissance à une certaine quantité d'acide lactique.

Si l'économie est saturée d'acides, comme dans le pyrosis, la goutte, le diabète, etc., la magnésie agit bien plus promptement et avec plus d'intensité. Si, au contraire, les humeurs de l'économie sont plus alcalines, soit par l'usage de l'eau de Vichy, du bi-carbonate de soude, soit par toute autre cause, la magnésie ne peut pas être salifiée, et ne produit d'évacuations que par son action irritante locale, comme le ferait le verre pilé, le charbon, etc.

La coloration blanche des selles qui sont comme féculentes et pultacées, après l'ingestion de cet oxyde, est due à la magnésie elle-même, qui, ne trouvant pas assez d'acide pour se dissoudre entièrement, passe en partie dans les intestins, puis est rejetée avec les matières fécales.

L'effet purgatif de la magnésie par irritation locale de la muqueuse intestinale, nous est encore prouvé par la durée de la purgation, qui se prolonge de vingt-quatre ou trente-six heures après son ingestion.

Ce que nous venons de dire de la magnésie peut être appliqué à son carbonate. Seulement à poids égal celui-ci doit être moins actif, puisqu'il contient moins de principe salifiable.

Outre son action évacuante, la magnésie opère une heureuse influence sur l'estomac en saturant l'excès d'acide que cet organe peut contenir; elle remplit ainsi deux indications utiles souvent corrélatives l'une de l'autre.

EFFETS DE LA PURGATION.

La purgation a deux actions bien distinctes : la première locale immédiate, la deuxième dynamique et éloignée.

La *première* ne s'étend pas au-delà du lieu de contact, ni au-delà du temps nécessaire à l'absorption du médicament : elle a pour effet de chasser des intestins les matières alvines, résidu de tout ce qui a résisté à la digestion, et d'exciter fortement la sécrétion des glandes et des membranes muqueuses par la vive irritation qu'elle produit; par suite de cette irritation le sang est appelé dans les parois intestinales, il vient sourdre à travers le tissu des membranes, mais il n'y passe pas tout entier : une sorte de triage de ses élémens permet seulement à l'eau, aux matières salines et à l'albuminose de tamiser à travers le tissu, et retient la fibrine, l'albumine et les globules.

On a prétendu que sous l'influence des purgatifs une partie

de l'albumine du sang passait dans le canal intestinal ; cette assertion, soutenue encore dernièrement par MM. Poiseuille et Bouchardat, n'est pas exacte. Ce qui a été considéré comme albumine, n'est autre que l'albuminose, produit ultime de la digestion des matières albuminoïdes. Il est très facile de s'en assurer par les réactions chimiques. L'acide nitrique coagule immédiatement l'albumine partout où elle se rencontre : or, l'acide nitrique ne donne lieu à aucun précipité dans les liquides recueillis et filtrés, résultats de la purgation : et le tannin, au contraire, y détermine un précipité abondant qui est l'albuminose.

Si l'albumine a pu être constatée dans les déjections alvines, c'est dans des conditions pathologiques toutes spéciales : l'œdème, l'anasarque, les flux hémorrhoïdaires, autrement la purgation n'enlève au sang que l'albuminose, l'eau et les sels ; et c'est en entraînant l'albuminose, principe essentiellement réparateur du sang, qu'elle ravive les fonctions digestives et développe le besoin de manger, si toutefois le médicament a laissé intactes les voies digestives.

La purgation entraîne les principes putrides, élémens fermentifères, sans aucun doute, qui, dans certains cas, infectent l'économie et déterminent l'altération du sang lui-même. C'est ce qui explique l'heureuse influence des purgatifs dans toutes les affections typhoïques.

La *deuxième* action des purgatifs, l'action dynamique et éloignée, s'exerce sur toute la constitution et varie suivant le médicament administré :

Les substances salines, qui ne sont ni coagulantes ni toxiques, n'entraînent après leur effet purgatif aucun malaise, aucune fatigue ; elles n'ont d'autre action dynamique que d'alléger l'économie, exciter les sécrétions, aviver les fonctions digestives ;

Mais certains purgatifs déterminent secondairement des effets dynamiques très prononcés ; ainsi :

Le calomel cause généralement malaise, lassitude, abattement, affaiblissement des extrémités :

La vératrine agit fortement sur l'organisme, accélère la respiration, la circulation, donne lieu à des raideurs tétaniques :

Le sulfate de quinine qui, à hautes doses, agit à la manière des évacuans, exerce sur toute l'économie l'action dynamique qui lui est propre, le ralentissement de la circulation, de la respiration, l'abaissement de température, la stupeur des sens, la prostration générale :

L'huile de croton tiglium, par une administration prolongée, donne naissance à des pustules et des ulcérations dont le développement peut s'accompagner des accidens les plus intenses des phlegmasies intestinales.

Il est donc bien important de distinguer ces différens effets des évacuans, de ne point administrer au hasard ces médicamens et d'en faire un choix rationnel suivant la modification qu'on veut imprimer à l'organisme.

RÉSUMÉ ET COROLLAIRES.

Dans ce mémoire nous avons démontré que les purgatifs agissaient en raison de leur solubilité, de leurs propriétés coagulantes ou non coagulantes ; en raison de l'endosmose, de la sapidité, des réactions chimiques secondaires qui ont lieu dans l'économie en présence des acides, des alcalis, des chlorures alcalins ; enfin en raison d'une irritation locale toute mécanique de la part des substances insolubles.

Nous avons de plus étudié avec soin les effets consécutifs à l'administration de ces médicamens.

Cette classification nous permet d'expliquer les préférences accordées par l'expérience à tels ou tels purgatifs pour certaines maladies, et de préciser même l'emploi qu'on devrait en faire suivant qu'on veut agir sur l'estomac ou les intestins, ou sur les deux à la fois, ou en même temps sur l'économie tout entière.

I. Choix du purgatif. — D'après ces considérations, les purgatifs doivent être divisés en trois classes, suivant qu'ils ont :

1º Une action générale sur toute la longueur du tube digestif, tels que l'huile de croton, les matières salines, le calomel ;

2º Une action localisée dans certains organes, tels que la magnésie dans l'estomac, les résines et les huiles dans les intestins ;

3º En outre de l'effet évacuant, une action spéciale modificatrice de l'économie, tels que le calomel, la vératrine, etc.

Donc quand l'indication d'un purgatif se présente, le choix du médicament doit être basé sur l'effet plus ou moins prompt qu'il doit produire, sur l'action générale ou localisée qu'il doit exercer sur le tube intestinal, sur la modification secondaire qu'il imprimera à l'organisme.

S'il s'agit de débarrasser promptement le tube intestinal du résidu des digestions , on doit employer les médicamens actifs par eux-mêmes , ceux qui n'ont besoin d'aucune intervention chimique pour produire leur action , tels que l'huile de croton, les sulfates de soude, de magnésie, le sel de seignette, en un mot tous les purgatifs salins. Dans ce cas leur emploi est d'autant mieux indiqué, que souvent l'état de plénitude des intestins retarde et empêche l'effet des matières résineuses.

Si, au contraire, une action lente , continue, est nécessaire, comme dans les congestions cérébrales, la méningite ou autres maladies qui affectent particulièrement les centres nerveux, le calomel, les résines, les huiles, qui peu à peu se convertissent dans l'économie en substances purgatives, rempliront parfaitement le but qu'on se propose.

Dans les cas particuliers où l'estomac souffre d'un excès d'acide, comme dans le pyrosis, etc., la magnésie convient doublement d'abord en saturant les acides de l'estomac, puis agissant comme doux purgatif. Pendant la grossesse et dans les mêmes circonstances le lait de magnésie rendra les mêmes services. Au contraire l'estomac est-il irrité, enflammé , veut-on éviter les vomissemens, on éloignera les substances irritantes comme l'huile de croton, ou trop sapides comme les solutions salines très concentrées et on les remplacera par les médicamens qui n'exercent aucune action sur l'estomac, et ne commencent leur effet purgatif que dans les intestins, où se rencontrent les alcalis (libres ou carbonatés) nécessaires à leur dissolution et à leur absorption, tels sont les résines, les huiles.

Si les intestins eux-mêmes sont affectés, comme dans la fièvre typhoïde, on emploiera un purgatif doux, agissant par lui-même sans produire de coliques, le sulfate ou le citrate de magnésie, la manne, etc., et non pas les substantes irritantes dont l'effet se ressent dans tout le tube digestif et spécialement sur les intestins.

Dans les maladies du foie, le calomel a été reconnu par le raisonnement et la pratique comme exerçant une action toute spéciale sur la sécrétion de cet organe, l'usage du calomel sera donc très efficace et impérieusement exigé.

Lorsqu'il s'agit de modifications générales de l'économie, on trouvera facilement que :

Le calomel qui n'a d'action que par le sublimé auquel il donne naissance, doit être le purgatif le plus convenable pendant le traitement des maladies syphilitiques et des affections de la peau qui réclament l'usage du bichlorure de mercure;

Pendant le cours de la fièvre typhoïde, si le protosulfure de mercure a pu être administré avec succès, comme le prétend M. Serres, ces succès ne sont dus qu'à l'action générale des mercuriaux sur l'économie, à l'effet purgatif et à l'effet dynamique qui ont ensemble chassé et neutralisé le poison typhoïque : et par conséquent le protosulfure de mercure doit être remplacé par le calomel, dont la composition chimique est plus constante et dont les effets thérapeutiques sont par cela même plus certains ;

Dans quelques maladies de la peau qui réclament les alcalins, l'usage du sel de seignette comme purgatif est nécessaire, puisque sa combustion au milieu de nos organes donne lieu à des carbonates alcalins qui ajoutent à l'efficacité du traitement.

II. Influence des humeurs vitales, de l'alimentation, de la diète. — Après avoir discuté le choix du purgatif pour l'état de santé ou pour divers états pathologiques, il est nécessaire d'étudier l'influence que la composition anormale des humeurs, l'alimentation, la diète, les habitudes peuvent exercer sur l'administration de tel ou tel médicament.

Lorsque les humeurs sont acides dans presque toute l'économie (comme dans la gravelle urique, la goutte, le diabète), les matières salines, la magnésie surtout, acquièrent leur maximum d'intensité et ont le double avantage de purger et de détruire en partie l'excès d'acidité, tandis que les matières résineuses n'exercent que peu ou point d'action.

Ces mêmes matières résineuses ou huileuses qui ont besoin de l'intervention des alcalis, acquièrent à leur tour leur maximum d'intensité lorsque les humeurs alcalines dominent dans l'organisme et qu'alors la magnésie est peu ou point efficace.

L'alimentation qui, animale a pour effet d'acidifier les humeurs vitales, et végétale de les alcaliniser, doit, par cela même, être prise en grande considération.

La diète oblige le corps à vivre à ses dépens, à puiser en lui-même sa nourriture : elle donne lieu à une combustion plus vive, qui détermine une acidification générale. Aussi pendant et après la diète les résines ont très peu d'effet, tandis que les purgatifs salins produisent les meilleurs résultats.

Pendant la diète, l'ingestion continue de boissons aqueuses tend à délayer et à diminuer la proportion des chlorures alcalins de l'économie ; aussi, dans ces circonstances, le calomel, en plus ou moins grande quantité, est parfaitement supporté, c'est-à-dire qu'il ne donne lieu à aucun phénomène d'évacuation ou d'empoisonnement ; tandis que dans l'organisme saturé de sel marin, la moindre proportion de calomel devient active et même dangereuse.

III. — INFLUENCE DE LA PROPORTION D'EAU INGÉRÉE.— La proportion d'eau ingérée avant, pendant et après l'administration des médicamens, exerce une très grande influence sur leur résultat. Ainsi, les composés salins non coagulans en dissolution concentrée purgent par endosmose et par leur forte sapidité. Au contraire, en dissolution très étendue, ils ne sont plus purgatifs et deviennent diurétiques. Ici l'abondance du liquide, en diminuant la densité et la saveur de ces composés, leur enlève la plus grande partie de leur effet purgatif.

La magnésie, qui a besoin des acides de l'estomac pour se dissoudre et être absorbée à l'état salin, est également entravée dans ses résultats par une trop grande quantité d'eau. En effet, cette eau affaiblit les acides propres à la formation du sel, et, d'autre part, elle soustrait la magnésie à l'action des acides en la chassant trop rapidement de l'estomac. Aussi après l'absorption de beaucoup d'eau pendant l'administration de la magnésie, on constate que les évacuations sont moindres et qu'elles se font beaucoup plus longtemps attendre.

Il en est de même pour le calomel, dont la transformation en sublimé par le contact des chlorures alcalins décroît d'une manière remarquable sous l'influence d'un excès d'eau.

Au contraire, les résines, les huiles, qui nécessitent pour leur dissolution et leur absorption l'intervention des alcalis des intestins exigent l'ingestion d'une certaine quantité d'eau qui, loin d'atténuer leur action, est utile pour les chasser de l'estomac et leur faire franchir rapidement le pylore. Cette condition est indispensable pour l'huile de ricin ; autrement, ce médicament cause des nausées et même le vomissement, surtout si le suc gastrique est un peu alcalin.

Ces faits prouvent que la quantité d'eau ingérée n'est pas indifférente pendant l'administration des purgatifs, et que l'on doit tenir compte des réactions chimiques que chacun d'eux doit subir.

Nous n'admettons pas que les boissons aqueuses ajoutent à l'action évacuante ; les infusions théiformes, le bouillon aux herbes semblent rendre les évacuations plus abondantes, uniquement parce qu'elles sont rejetées en nature, ne pouvant plus être absorbées à cause de l'état d'érétisme momentané de l'intestin.

IV. ASSOCIATIONS DES MÉDICAMENS. — Nous devons parler maintenant de l'association des purgatifs entre eux et de la valeur qu'on doit accorder aux médicamens qui en résultent.

Les anciens médecins, s'étayant des idées singulières qu'ils s'étaient formées sur la cause des maladies et sur l'effet curatif des médicamens, furent les premiers qui associèrent plusieurs substances. Comme à chacune d'elles ils attribuaient des propriétés spéciales et étaient persuadés qu'elles s'adresseraient invariablement dans le corps humain à telle ou telle partie, ils avaient distingué les purgatifs suivant qu'ils produisaient certains effets. Ils nommaient *eccoprotiques* ceux qui faisaient rendre des selles purement stercorales, et *hydragogues* ceux qui amenaient des selles séreuses. Les selles glaireuses étaient dues aux *phlegmagogues*, les selles bilieuses aux *cholagogues*, les selles vertes ou noires aux *mélanagogues*; enfin, celles de toutes les humeurs étaient produites par les *panchymagogues*. Ce dernier groupe renfermait les purgatifs que nous avons nommés généraux, parce que leur action s'étend tout le long du tube intestinal. Lorsqu'ils voulaient réunir plusieurs effets, ils mélangeaient les substances qui, pour eux, possédaient les propriétés nécessaires aux résultats multiples qu'ils recherchaient; et souvent ils retiraient de ces associations, parfois bizarres, des avantages précieux dont nous pouvons aujourd'hui apprécier la valeur. Ainsi l'association du calomel aux matières résineuses est restée en usage en France, et surtout en Angleterre, association des plus rationnelles, puisque le premier de ces agens a besoin, pour agir, de l'intervention des chlorures alcalins, et les seconds réclament l'intervention des bases alcalines.

L'ancienne médecine noire est aussi un mélange de purgatifs très bien entendu, qui, malgré sa saveur repoussante, est encore fréquemment employée et toujours suivie de bons résultats.

Dans ces associations, on doit bien plus encore tenir compte de l'effet produit sur telle ou telle partie de l'économie que de l'abondance de la purgation elle-même. Ainsi, les mélanges ne sont pas surtout utiles parce qu'ils purgent plus fortement qu'un purgatif seul, mais parce que leur choix étant bien ordonné, on peut, à leur aide, agir sur plusieurs organes à la fois. Si nous examinons l'effet du calomel et du jalap, par exemple, nous voyons d'abord le calomel porter son action sur la plus grande partie du tube digestif, en s'emparant des chlorures alcalins nécessaires à sa modification chimique, puis se porter sur le foie pour activer la sécrétion de cette glande. Le jalap n'agit que dans la partie des intestins où il rencontre des alcalis, et il sert en même temps à l'expulsion de l'excès du calomel ingéré.

Puisque chaque purgatif exerce particulièrement son action sur tel ou tel organe, il serait nuisible de poursuivre pendant longtemps l'usage d'une même substance lorsque l'état du malade réclame une purgation continue. Car on doit tenir compte et de l'effet immédiat local du médicament et de son action générale ou dynamique. Ainsi, le calomel, la coloquinte, le colchique, l'elaterium, qui ont des effets dynamiques très prononcés, ne peuvent servir à un usage continu. La magnésie, les résines, en agissant localement, ne peuvent non plus être employées longtemps. Il faut donc s'adresser à ces purgatifs généraux peu irritans, comme le sulfate de soude, le sulfate et le citrate de magnésie, la manne, etc., ou varier les substances médicamenteuses, ce qui est encore préférable ; autrement, on s'expose aux plus graves accidens : La coloquinte a entraîné la mort ; l'huile de croton a déterminé des éruptions intestinales fâcheuses ; le calomel, administré à hautes doses et toléré pendant un certain temps dans les voies digestives, a produit consécutivement tous les accidens toxiques qui sont propres au sublimé corrosif. Nous croyons ces exemples suffisans pour mettre les praticiens en garde contre l'emploi intempestif des préparations purgatives douées d'une action dynamique énergique.

CONSIDÉRATIONS GÉNÉRALES.

Avant l'étude des transformations chimiques des composés introduits dans l'économie vivante, on avait recours pour l'explication des faits à une foule d'opinions bizarres ne reposant sur aucun fondement, sur aucune base solide. Sans parler des humoristes qui voulaient que la purgation entraînât avec elle toutes les humeurs nuisibles causant les maladies, nous voyons les thérapeutistes d'aujourd'hui expliquer l'effet purgatif par des irritations topiques dont ils ne se rendent nullement compte, ou par des modifications sympathiques du système nerveux dont la réaction se transmettrait particulièrement à la muqueuse intestinale : Pour quelques-uns, la purgation résulterait d'un effet endosmotique qui s'étendrait à tous les purgatifs, pour d'autres elle n'aurait lieu que lorsqu'il n'y a point absorption du principe actif et lorsque celui-ci est rendu entièrement par les déjections alvines.

D'après ce qui précède on peut juger combien il est important de connaître l'action intime des médicamens sur l'organisme, et combien il est différent de s'appuyer sur les principes scientifiques que nous cherchons à établir, où de s'abandonner à des hypothèses erronées et à une routine empirique.

La purgation avait une efficacité tellement évidente que pendant longtemps on en fit un très grand abus ; mais au commencement du siècle dernier elle fut abandonnée et même entièrement proscrite par Broussais et ses disciples, qui en se privant d'un agent curatif aussi puissant aidèrent quelquefois aux succès d'un grand nombre de charlatans dont toute la science se bornait à l'heureux emploi des purgatifs. Aujourd'hui, l'usage de cette médication semble renaître avec une force toute nouvelle, et l'expérience l'a démontrée le plus souvent utile et rarement nuisible. Car, la purgation outre son effet immédiat (l'évacuation des matières alvines), détermine encore la déplétion des vaisseaux ; le sang est comme tamisé à travers le tissu des membranes intestinales qui ne laisse passer que l'eau, les sels, l'albuminose et les fermens, et retient au contraire les élémens constitutifs ou organisés, la fibrine, l'albumine et les globules. En un mot, le sang subit une véritable concentration, et il perd en même temps une partie de ses élémens alibiles, *l'albuminose*, principe essentiellement réparateur. De là augmentation de vitalité, excitation des fonctions digestives appelées à réparer les pertes que l'économie vient de faire. On voit donc en comparant l'effet de la saignée à celui de la purgation, que cette dernière agit préférablement à la première, puisqu'elle ne prend au sang que les matières que l'alimentation peut lui rendre si facilement, et qu'elle lui laisse les principes organisés que la saignée lui enlève. Aussi, comme M. Requin, sommes-nous convaincus que : « Si la médecine était réduite à l'aveugle emploi d'un seul et même moyen pour toutes les maladies, et qu'elle eût à choisir entre la saignée et la purgation, le mal serait beaucoup moindre d'employer indistinctement celle-ci plutôt que celle-là (1). » Et pour étayer cette proposition, nous dirons avec Hufeland : « La méthode gastrique, celle qui consiste à purifier le canal intestinal et le système abdominal, est depuis les temps les plus anciens une des méthodes fondamentales de la pratique. Elle a survécu à toutes les vicissitudes des temps et des théories. Et l'on peut dire avec raison que le canal intestinal est dans un grand nombre de cas le champ de bataille où se jugent les maladies les plus importantes (2). »

FIN.

---

(1) Requin. *Thèse de concours.*
(2) Hufeland. *Médecine pratique.*

TABLE DES MATIÈRES.

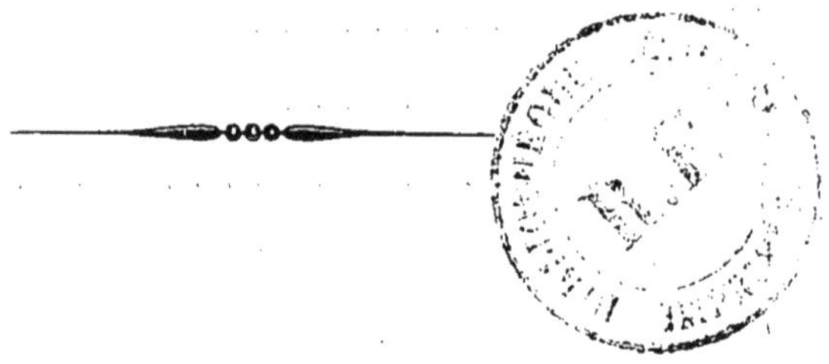

Typographie Félix Malteste et Cᵉ, rue des Deux-Portes-Saint-Sauveur, 18.

9 782019 959913